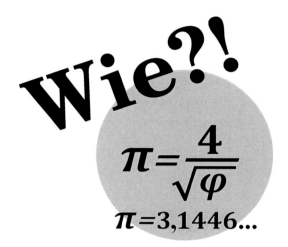

Ist das wahr!?

Vorschlag zu einer neuen Berechnungsmethode von π,
die mit dem Wissensstand eines Mittelschülers verstanden werden kann

Autor **Umeniuguisu**

An Alle, die dieses Buch zum ersten Mal lesen

Aufgrund seines fachlichen Inhalts wäre es möglicherweise besser gewesen, dieses Buch an einer „wissenschaftlichen Tagung" zu veröffentlichen. Der Grund, warum ich dies nicht tat bzw. nicht tun konnte, liegt darin, dass ich weder Mathematiker, Wissenschaftler noch Ingenieur eines Unternehmens bin. Ich bin ein einfacher Handwerker, der in Japan lebt und seinen täglichen Unterhalt mit körperlicher Arbeit verdient. Ich hege jedoch ein großes Interesse für das Universum. Meine mathematischen Kenntnisse entsprechen ungefähr dem Wissensstand eines Oberschulabsolventen. Wenn Sie dieses Buch bis zum Schluss lesen, werden Sie vermutlich verstehen, dass ich nur Mathematik auf Mittelschulniveau verwende. Da in Japan die allgemeine Schulpflicht bis zur Mittelschule* gilt, gehe ich davon aus, dass nicht nur Mathematiker, Wissenschaftler oder Ingenieure von Unternehmen mit einem hohen mathematischen Wissen, sondern auch ein sehr großer Teil der in Japan lebenden Menschen in der Lage sind, den Inhalt dieses Buches zu verstehen. Dies sind der wichtigste Grund und der Sinn, weshalb ich dieses Buch verfasst habe. Folglich habe ich mich bemüht, den Inhalt mit der nötigen Rücksicht auf die Leserinnen und Leser mit geringen mathematischen Kenntnissen zu gestalten. Die Leserinnen und Leser mit einem hohen mathematischen Wissen bitte ich daher, dies zu berücksichtigen.

Ich gehe davon aus, dass, abgesehen von den Leserinnen und Lesern, die Mathematik nicht mögen, der Inhalt dieses Buches bei denjenigen, die das Buch in die Hand genommen haben, großes Interesse wecken wird. Wie Sie sehen, handelt es sich keineswegs um ein dickes Buch. Es würde mir Freude bereiten, wenn Sie meinen Vorschlag zum Thema „π" entspannt und wie eine kleine „mathematische Teestunde" genießen können, denn Sie müssen sich nicht einer schwierigen Aufgabe stellen und dabei Ihr Gesicht wie eine Bulldogge verziehen.

Umeniuguisu (Autor)

* Die Mittelschule wird in Japan im Alter zwischen 13-15 Jahren besucht.

Inhaltsverzeichnis

An Alle, die dieses Buch zum ersten Mal lesen ············· 2

1. Kapitel   Beginnend mit dem Kreis (π) und dem

Pentagramm (φ) ·································· 4

2. Kapitel   Suche nach einer Formel der Beziehung

zwischen π (Pi) und φ (Phi) ···················· 7

3. Kapitel   Ableitung von $\dfrac{4}{\pi} = \sqrt{\varphi}$ anhand einer

Formel der Beziehung··························· 16

4. Kapitel   Überprüfung von $\pi = \dfrac{4}{\sqrt{\varphi}}$ ···················· 32

Nachwort ·· 42

| 1. Kapitel | **Beginnend mit dem Kreis (π) und dem Pentagramm (φ)** |

An die Leserinnen und Leser: Bitte sehen Sie sich zunächst die folgende Abbildung an.

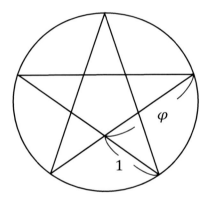

Ich denke, Sie alle haben diese Abbildung schon einmal irgendwo gesehen. Es ist ein einbeschriebenes „Pentagramm". Wussten Sie, dass sich in dieser Abbildung zahlreiche goldene Schnitte φ (phi) befinden? Ich habe in der Abbildung lediglich ein Beispiel aufgezeichnet. Das Ziel dieses Buches besteht nicht in der Frage, wie viele φ (phi) im „einbeschriebenen Pentagramm" enthalten sind. Falls Sie jedoch daran interessiert sind, bitte ich Sie, in Büchern oder im Internet nach der Antwort zu suchen. Besonders bietet das Internet zahlreiche Möglichkeiten, sich Kenntnisse zu verschaffen.

1. Kapitel | Beginnend mit dem Kreis (π) und dem Pentagramm (φ)

Was ich mit dieser Abbildung aufzeigen möchte, ist die Tatsache, dass ein sternförmiges Diagramm mit zahlreichen goldenen Schnitten φ (phi) den „Kreis auf schöne Weise inwendig berührt". Für mich stellt diese Tatsache einen der wichtigen Gründe dar, um eine Beziehung zwischen Pi π und dem goldenen Schnitt φ zu vermuten. Somit beginnt die Erforschung der Beziehung zwischen π und φ. Bis zum Verfassen dieses Buches vergingen viereinhalb Jahren an der Forschung. Aus Sicht der über mehrere tausend Jahre alten Geschichte der Mathematiker mögen diese zwar gering erscheinen, für mich aber war es eine enorm lange Zeit.

Bevor ich zum Hauptthema komme, möchte ich noch eine Sache ansprechen. Für mich als Person mit mathematischen Kenntnissen, die ungefähr dem Niveau eines Oberschulabsolventen entsprechen (mein Studiengang an der Universität war Wirtschaftswissenschaft), gab es folgende drei Punkte, worauf ich geachtet habe:

1. **Möglichst einfache (simple) Zahlen verwenden,**
2. **Möglichst keine komplizierten und schwer verständlichen Formeln verwenden, und**
3. **Wenn ich mit Berechnungen nicht weiterkomme, diese nicht mehr zu weit verfolgen.**

Diese drei Punkte habe ich beachtet, damit in meinem Kopf vor lauter Zahlen und Formeln kein Durcheinander entstehe. Es gibt noch einen weiteren Grund. Viele Menschen kennen die folgende Formel bereits. Ich möchte dennoch, dass Sie sich diese erneut ansehen.

$$E = mc^2$$

Sie ist die Formel, die von Albert Einstein entdeckt wurde. Wie einfach (simpel) und schön die Formel ist! Falls ich die Beziehung zwischen Pi π und dem goldenen Schnitt φ in einer Formel aufzeigen könnte, dürfte sie vermutlich genauso einfach (simpel) und schön sein. Ich halte es für sehr möglich, diese anhand des „einbeschriebenen Pentagramms" uns vorzustellen. Unzählige Scheitern der Berechnungen lehrten mich, das Ganze im Rahmen meiner mathematischen Fähigkeiten aufzuklären. Die Personen mit einem hohen mathematischen Wissen ausgenommen empfehle ich den Leserinnen und Lesern, bei unverständlichen Stellen jemanden anderen um Rat zu bitten oder während des Lesens gelegentlich Pause einzulegen.

Ich möchte nun zum Hauptthema kommen ...

* Es sei darauf hingewiesen, dass es sich bei den Maßstäben der Abbildungen dieses Buches nicht um exakte, sondern um ungefähre Werte handelt. Dies ist darauf zurückzuführen, dass ich der Lesbarkeit der Buchstaben, Zahlen und der Abbildungen den Vorrang gegeben habe. Ich bitte Sie daher, dies beim Lesen in Erinnerung zu behalten.

	Suche nach einer Formel
2. Kapitel	der Beziehung zwischen π (Pi) und φ (Phi)

Ein großes Problem zeichnet sich darin ab, wie ich eine Formel zur Beziehung zwischen Pi π und dem goldenen Schnitt φ oder eine Abbildung jener Beziehung entdecke.

Wie bitte? Es gibt bereits ein „einbeschriebenes Pentagramm"?

Selbstverständlich versuchte auch ich die Beziehung zwischen π und φ zu allererst aus dieser Abbildung abzuleiten, aber da die Anwendung der Winkelfunktionen *sin* (Sinus), *cos* (Kosinus), *tan* (Tangens) die Formeln und Berechnungen nur noch erschwerten, geriet mein Kopf durcheinander, sodass ich aufgeben musste. Dies bedeutet nur, dass meine mathematischen Fähigkeiten nicht ausreichten, um eine Formel zur Beziehung zu finden, und soll keineswegs die Möglichkeiten jener Person mit hohen mathematischen Fähigkeiten bestreiten. Ich startete den Versuch auch mit diversen anderen Abbildungen, aber scheiterte jedes Mal mittendrin. Nach mehreren Überlegungen entdeckte ich schließlich in der folgenden Abbildung eine Methode, um die betreffende Beziehung zu finden. Sie befindet sich auf der Verlängerung des Erstellungsprozesses einer Abbildung des goldenen Schnitts φ. φ lässt sich wie folgt in einer Abbildung darstellen. Die Leserinnen und Leser, denen dies bereits bekannt ist, bitte ich, einfach weiterzulesen.

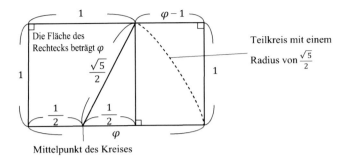

Es gibt zwar verschiedene Methoden, um den Wert von φ zu ermitteln, aber da es nicht die Absicht dieses Buches ist, die sämtlichen Methoden zu erklären, möchte ich mich auf eine Methode beziehen, die ich als leicht verständlich erachte.

Ausgehend von der obigen Abbildung gilt ...

$$\text{Goldener Schnitt } \varphi = \frac{1 + \sqrt{5}}{2} = 1{,}61803398874\ldots$$

Um von der vorangegangenen Abbildung eine Formel zur Beziehung zwischen π und φ zu erhalten, erstellen wir nun eine Abbildung wie folgt. Wir zeichnen ein Rechteck mit dem Flächeninhalt von φ und ein „Quadrat, das denselben Flächeninhalt aufweist". Das Erstellen dieses Quadrates stellt einen entscheidenden Punkt dar.

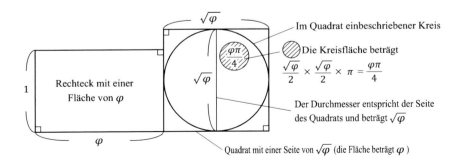

8

2. Kapitel | Suche nach einer Formel der Beziehung zwischen π (Pi) und φ (Phi)

Wir erhalten einen Wert $\frac{\varphi\pi}{4}$, bei dem π und φ in Beziehung zueinanderstehen. Ferner um eine Formel zur Beziehung zu erhalten, erstellen wir die folgende ähnliche Abbildung.

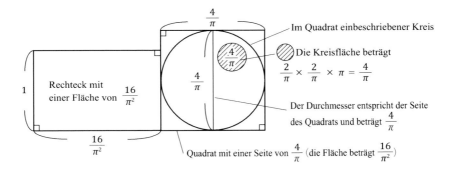

Wie bitte? Warum hat sich $\frac{4}{\pi}$ ergeben?

Dies ist auf drei Gründe zurückzuführen (Es gibt eigentlich mehr als drei Gründe, aber da sie die ganze Sache verkomplizieren, verzichte ich darauf, diese in diesem Buch zu erläutern).

1. Der erste Grund ist der Wert $\frac{4}{\pi}$. Ich möchte $\sqrt{\varphi}$ mit dem Wert $\frac{4}{\pi}$ vergleichen, unter der Annahme, dass $\pi \approx 3{,}14$ ist. (* ≈ Dieses Symbol steht für „ungefähr / circa".)

$$\frac{4}{\pi} \approx 1{,}27388535031\ldots$$
$$\sqrt{\varphi} = 1{,}27201964951\ldots$$

Die beiden Werte ergeben sehr nahestehende Werte. Dies stellt den ersten Grund dar.

2. Der zweite Grund ist die besondere Eigenschaft von $\frac{4}{\pi}$. Bitte sehen Sie sich die folgende Abbildung sowie die relevanten Werte an.

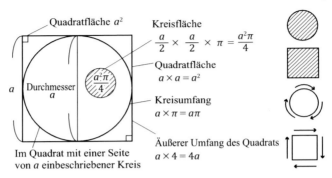

Fällt Ihnen etwas nicht auf, wenn Sie sich die einzelnen Werte ansehen? Wir multiplizieren nun den Flächeninhalt und den Umfang des Kreises jeweils mit $\frac{4}{\pi}$.

$\frac{a^2\pi}{4} \times \frac{4}{\pi} = a^2$... Dieser Wert ist gleich dem Flächeninhalt des Quadrates.

$a\pi \times \frac{4}{\pi} = 4a$... Dieser Wert ist gleich dem äußeren Umfang des Quadrates.

Stellen Sie etwas fest? Wenn wir den Flächeninhalt und den Umfang des Kreises, der, unabhängig von der Größe des Quadrates, das Quadrat inwendig berührt, jeweils mit $\frac{4}{\pi}$ multiplizieren, gleichen diese jeweils dem Flächeninhalt und dem Außenumfang des Quadrates. Diese besondere Eigenschaft von $\frac{4}{\pi}$ stellt den zweiten Grund dar.

Diese besondere Eigenschaft von $\frac{4}{\pi}$ erweist sich als äußerst hilfreich, um die Beziehung zwischen Pi π und dem goldenen Schnitt φ zu erklären. Sie ist nicht nur hilfreich, sondern sogar unerlässlich, da sonst die Beziehung ohne diese Eigenschaft nicht erklärt werden kann. Ich empfehle Ihnen daher, sich diesen Punkt gut zu merken, so dass Sie ihn bei den späteren Berechnungen anwenden können.

3. Beim dritten Grund handelt es sich abermals um die besondere Eigenschaft von $\frac{4}{\pi}$.

Ich enthalte mir vor, Ihnen diese Eigenart erst am Schluss zu offenbaren. Sie befindet sich an einer Stelle, die sehr gut versteckt ist. Jene Eigenschaft war äußerst hilfreich, um daraus zu schließen, dass $\sqrt{\varphi}$ und $\frac{4}{\pi}$ nicht „sehr nahestehende Werte", sondern „exakt denselben Wert" darstellen.

Ich bitte die besonders neugierigen Mittelschüler darum, nicht weiterzublättern und zu versuchen zu mogeln! Da das Buch ja nicht gerade viele Seiten hat, bitte lest sie der Reihe nach.

Als nächstes erstellen wir eine Abbildung, die mit einer Idee versehen ist, um die Beziehung zwischen π und φ zu ergründen.

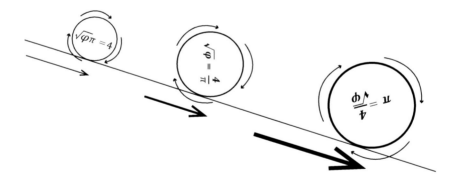

Lass uns nun eine kurze Pause einlegen!

Bisher konnten wir zwei Abbildungen erstellen; die eine Abbildung mit einem Rechteck und mit einem Quadrat, deren Flächeninhalt jeweils φ ist, und die andere mit einem Rechteck und mit einem Quadrat, deren Flächeninhalt jeweils

$\frac{16}{\pi^2}$ ist. Aus diesen Abbildungen jedoch konnten wir keine bedeutende Formel ableiten, die die Beziehung zwischen π und φ erklären würde.

Nach dem Herumprobieren etlicher Untersuchungen, fand ich heraus, dass neben den beiden genannten Abbildungen, noch eine weitere Abbildung erforderlich ist, um die Beziehung zwischen π und φ zu ergründen. Es handelt sich dabei um eine ähnliche Abbildung wie die bereits aufgezeigten beiden, wobei das Einfügen einer Unbekannten x sowie das Festsetzen des Flächeninhaltes eines Kreises als $\sqrt{\varphi}$ eine entscheidende Rolle spielen. Solche Abbildung ist nachstehend dargestellt.

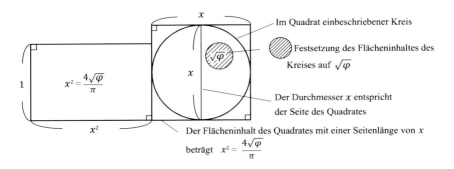

Wie wir auf der Abbildung erkennen können, wird „der Flächeninhalt eines Kreises absichtlich als $\sqrt{\varphi}$ festgesetzt".

Wie bitte? Weshalb ich den Flächeninhalt eines Kreises als $\sqrt{\varphi}$ festsetze?

Dies hat zweierlei Gründe.

1. Der erste Grund ist der Wert, den $\sqrt{\varphi}$ beinhaltet. Vergleichen wir ihn mit dem jeweiligen Flächeninhalt des Kreises in den vorherigen beiden Abbildungen. Genauso wie vorher, führe ich nun die Berechnung mit $\pi \approx 3{,}14$ durch.

$$\frac{\varphi\pi}{4} \approx 1{,}2701\ldots \text{ (Flächeninhalt des Kreises in der Abbildung, bei der die}$$
$$\text{Seitenlänge des Quadrates } \sqrt{\varphi} \text{ aufweist.)}$$

$$\frac{4}{\pi} \approx 1{,}2738\ldots \text{ (Flächeninhalt des Kreises in der Abbildung, bei der die}$$
$$\text{Seitenlänge des Quadrates } \frac{4}{\pi} \text{ aufweist.)}$$

$$\sqrt{\varphi} = 1{,}2720\ldots \text{ (Flächeninhalt des Kreises in der Abbildung, bei der die}$$
$$\text{Seitenlänge des Quadrates } x \text{ aufweist.)}$$

Wenn wir die drei Werte vergleichen, stellen wir fest, dass sie sehr nahestehende Werte sind. Dies stellt den ersten Grund dar.

2. Der zweite Grund liegt darin, dass gerade die Festsetzung des Flächeninhaltes des Kreises als $\sqrt{\varphi}$ der Schlüssel zur Lösung der Unbekannten x ist, und dies wiederum einen sehr bedeutenden Punkt darstellt, um die Beziehung zwischen Pi π und dem goldenen Schnitt φ zu ermitteln. Die Festsetzung $\sqrt{\varphi}$ steht in einer engen Verbindung zu dem dritten Grund auf Seite 11 und hat eine große versteckte Bedeutung. Aus diesem Grund möchte ich auch den Leserinnen und Lesern diesen Punkt anhand der bevorstehenden Erklärung am Schluss aufklären.

Um folgende Erklärungen verständlich zu machen, möchte ich die bisher erstellten drei Abbildungen zusammenfassend zeigen. Die jeweiligen Abbildungen werden mit A., B., C. und die entsprechenden Gleichungen mit a., b., c., d. gekennzeichnet.

= Kreisfläche (Gleichung a.)

= Fläche des Quadrats und des Rechtecks (Gleichung b.)

= Kreisumfang (Gleichung c.)

= Äußerer Umfang des Quadrats (Gleichung d.)

Bitte sehen Sie sich nun die folgenden Zusammenfassungen an.

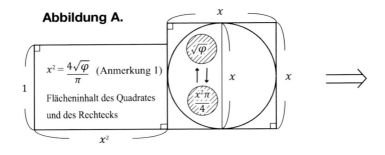

Abbildung A.

$x^2 = \dfrac{4\sqrt{\varphi}}{\pi}$ (Anmerkung 1)

Flächeninhalt des Quadrates und des Rechtecks

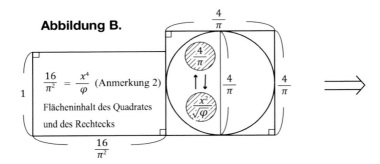

Abbildung B.

$\dfrac{16}{\pi^2} = \dfrac{x^4}{\varphi}$ (Anmerkung 2)

Flächeninhalt des Quadrates und des Rechtecks

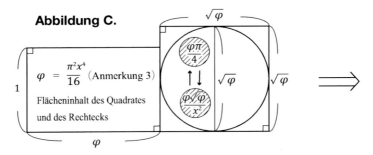

Abbildung C.

$\varphi = \dfrac{\pi^2 x^4}{16}$ (Anmerkung 3)

Flächeninhalt des Quadrates und des Rechtecks

* Es sei darauf hinzuweisen, dass es sich bei den Maßstäben der jeweiligen Abbildungen nicht um exakte, sondern um ungefähre Werte handelt.

Anmerkung 1: Multipliziert man den Flächeninhalt des Kreises mit $\dfrac{4}{\pi}$, dann erhält man den Flächeninhalt des Quadrates (= Rechteck).

Anmerkung 2: Kann anhand der Gleichung von B.a. berechnet werden.

Anmerkung 3: Kann anhand der Gleichung von B.b. berechnet werden.

2. Kapitel | Suche nach einer Formel der Beziehung zwischen π (Pi) und φ (Phi)

Gleichung A.a. $\quad \dfrac{x^2\pi}{4} = \sqrt{\varphi}$ (Flächeninhalt des Kreises)

" A.b. $\quad x^2 = \dfrac{4\sqrt{\varphi}}{\pi}$ (Flächeninhalt des Quadrates und des Rechtecks)

" A.c. $\quad x\pi = \dfrac{4\sqrt{\varphi}}{x}$ (Kreisumfang)

" A.d. $\quad \dfrac{16\sqrt{\varphi}}{x\pi} = 4x$ (Außenumfang des Quadrates)

Gleichung B.a. $\quad \dfrac{4}{\pi} = \dfrac{x^2}{\sqrt{\varphi}}$ (Flächeninhalt des Kreises)

" B.b. $\quad \dfrac{16}{\pi^2} = \dfrac{x^4}{\varphi}$ (Flächeninhalt des Quadrates und des Rechtecks)

" B.c. $\quad \dfrac{x^2\pi}{\sqrt{\varphi}} = 4$ (Kreisumfang)

" B.d. $\quad \dfrac{4x^2}{\sqrt{\varphi}} = \dfrac{16}{\pi}$ (Außenumfang des Quadrates)

Gleichung C.a. $\quad \dfrac{\varphi\pi}{4} = \dfrac{\varphi\sqrt{\varphi}}{x^2}$ (Flächeninhalt des Kreises)

" C.b. $\quad \varphi = \dfrac{\pi^2 x^4}{16}$ (Flächeninhalt des Quadrates und des Rechtecks)

" C.c. $\quad \sqrt{\varphi}\pi = \dfrac{4\varphi}{x^2}$ (Kreisumfang)

" C.d. $\quad x^2\pi = 4\sqrt{\varphi}$ (Außenumfang des Quadrates)

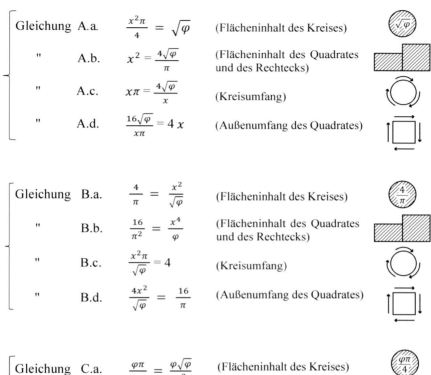

* Sämtliche Gleichungen können ausgehend von der Gleichung A. b. berechnet werden.
* Führt man zu Referenzzwecken eine Berechnung mit $\pi \approx 3{,}14$ durch, dann erhält man $\dfrac{4}{\pi} \approx 1{,}2738$, $\sqrt{\varphi} \approx 1{,}2720$, und $x \approx 1{,}2729$. Wir stellen somit fest, dass **Abbildungen A., B.,** und **C.** jeweils eine Seite mit **sehr nahestehendem Wert** aufweisen.

3. Kapitel	# Ableitung von $\dfrac{4}{\pi} = \sqrt{\varphi}$ anhand einer Formel der Beziehung

Im 2. Kapitel konnten wir die Formel zur Beziehung zwischen Pi π und dem goldenen Schnitt φ ausreichend gewinnen. Im weiteren Verlauf möchte ich die Beziehung zwischen π und φ ergründen.

An die Leserinnen und Leser dieses Buches: Bitte sehen Sie sich die drei **Abbildungen A., B.,** sowie **C.** und die entsprechende Formel zur Beziehung an. Haben Sie nicht etwas feststellen können?…
Dann bitte noch einmal. Bitte nehmen Sie sich ein wenig Zeit und sehen Sie sich es gut an…

Wie bitte? Sie können überhaupt nichts feststellen?

Die Unbekannte x scheint Ihre Aufmerksamkeit auf sich zu ziehen, aber der Punkt, auf den Sie sich konzentrieren sollten, ist $\sqrt{\varphi}$, oder besser gesagt, die Tatsache, wie sich $\sqrt{\varphi}$ in jeweiligen Gleichungen auswirkt bzw. was $\sqrt{\varphi}$ bewirkt.

Bitte sehen Sie sich **Abbildung A.** an. Wenn man den Flächeninhalt des eingeschriebenen Kreises mit $\dfrac{4}{\pi}$ multipliziert, erhält man den Flächeninhalt des Quadrates (* Dies wurde bereits auf Seite 10 erläutert). An dieser Stelle möchte ich eine Multiplikation mit dem sehr nahestehenden Wert $\sqrt{\varphi}$ anstelle von $\dfrac{4}{\pi}$ vornehmen. Dann erhalten wir ein Ergebnis, das dem Flächeninhalt des Quadrates von **Abbildung C.** gleich ist. Als nächstes möchte ich den

Flächeninhalt des Kreises sowie den Kreisumfang von **Abbildung B.** mit $\sqrt{\varphi}$ multiplizieren. Nun erhält man Werte, die jeweils der Flächeninhalt des Quadrates aus **Abbildung A.** sowie dem Außenumfang des Quadrates aus **Abbildung C.** gleich sind. Durch die Multiplikation mit $\frac{4}{\pi}$ erhält man den Flächeninhalt und der Außenumfang des im jeweiligen Kreis umschriebenen Quadrates, während durch die Multiplikation mit $\sqrt{\varphi}$ erhält man Werte, die dem Flächeninhalt und dem Außenumfang des Quadrates aus einer „anderen Abbildung" gleich sind.

Handelt es sich dabei um reinen „Zufall", da x, $\frac{4}{\pi}$ sowie $\sqrt{\varphi}$, „sehr nahestehende Werte" aufweisen? Erscheint es Ihnen nicht merkwürdig, warum sich ein solcher „Zufall" ereignet?

Ist es nicht möglich, dass $\frac{4}{\pi}$ und $\sqrt{\varphi}$ keine „sehr nahestehende Werte", sondern „exakt denselben Wert" aufweisen?

Bitte richten Sie Ihre Aufmerksamkeit auf den Punkt in der vorangegangenen Erklärung. Wenn man den Flächeninhalt des Kreises und den Kreisumfang aus **Abbildung B.** jeweils mit $\sqrt{\varphi}$ anstelle von $\frac{4}{\pi}$ multipliziert, erhält man das Ergebnis, das gleichzeitig dem Quadrat der unterschiedlichen **Abbildungen A.** und **C.** gleich ist. Dies stellt einen sehr wichtigen Anhaltspunkt dar, um die Beziehung zwischen $\frac{4}{\pi}$ und $\sqrt{\varphi}$ zu ermitteln. Ferner möchte ich anhand einer Berechnung nachweisen, dass dies kein „Zufall", sondern eine „Notwendigkeit" darstellt. Um diese Erklärung zu verstehen, bitte schauen Sie sich den Kreis der nachstehenden **Abbildung B.** an.

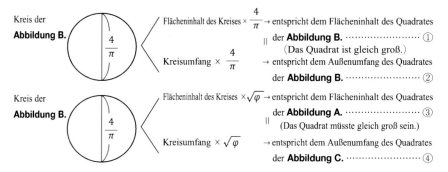

Wie Sie erkennen können, multipliziert man $\frac{4}{\pi}$ mit $\sqrt{\varphi}$, dem „sehr nahestehenden Wert", dann erhält man die Ergebnisse, wobei die Quadrate aus den **Abbildungen A. und C.** jeweils gleich sind. Selbst wenn wir davon ausgehen, dass sich deren Größen von derjenigen des Quadrates aus **Abbildung B.** unterscheiden, muss ein „Quadrat derselben Größe wie bei der Beziehung zwischen ① und ②" ergeben, selbst wenn es Unterschiede in den Werten des Flächeninhaltes sowie des Umfangs von ③ und ④ gibt, da die Kreise mit derselben Größe mit demselben $\sqrt{\varphi}$ multipliziert wurden. (... Dies stellt einen äußerst wichtigen Punkt dar. Können Sie diese Erklärung verstehen?)

Daraus lässt es sich schließen, dass die Quadrate aus den **Abbildungen A. und C.** „dieselbe Größe" aufweisen. Ferner bedeutet dies auch, dass x und $\sqrt{\varphi}$ gleich sind, was wiederum dazu führt, dass $\sqrt{\varphi}$ und $\frac{4}{\pi}$ gleich sind. Nun möchte ich, wie bereits erwähnt, mittels einer Berechnung nachweisen, dass x, $\sqrt{\varphi}$ und $\frac{4}{\pi}$ gleich sind. In der Mathematik schließlich gilt nichts als bewiesen, solange die Größe nur „möglicherweise" gleich ist.

Um nachzuweisen, ob $\frac{4}{\pi}$ und $\sqrt{\varphi}$ „einen denselben Wert" aufweisen oder nicht, möchte ich $\frac{4}{\pi}$ bei den jeweiligen Gleichungen der **Abbildungen A., B. und C.** durch $\sqrt{\varphi}$ ersetzen. Der Nachweis erfolgt in der Reihenfolge der **Abbildungen A., B., C.** und wird am Ende mit einer ergänzenden Erläuterung versehen.

Dann wollen wir mit dem Nachweis beginnen.

3. Kapitel | Ableitung von $\frac{4}{\pi} = \sqrt{\varphi}$ anhand einer Formel der Beziehung

Im Falle der Gleichung von Abbildung A.

Wenn man die Gleichung A.c. in der **Abbildung A.** mit $\frac{4}{\pi}$ multiplizert, erhält man die Gleichung A.d. Ich versuche, den Nachweis zu erbringen, indem ich bei diesem Prozess eine Multiplikation mit $\sqrt{\varphi}$ anstelle von $\frac{4}{\pi}$ vornehme. Anschließend vergleiche ich die beiden Gleichungen.

$$x\pi = \frac{4\sqrt{\varphi}}{x} \quad \xrightarrow{\times \frac{4}{\pi}} \quad 4 \times x = \frac{4\sqrt{\varphi}}{x} \times \frac{4}{\pi} \quad \cdots\cdots\cdots \alpha$$

$$\Downarrow \quad \text{(Ersetzung des Multiplikationsfaktors mit } \sqrt{\varphi}\text{)}$$

$$x\pi = \frac{4\sqrt{\varphi}}{x} \quad \xrightarrow{\times \sqrt{\varphi}} \quad \sqrt{\varphi}\,\pi \times x = \frac{4\sqrt{\varphi}}{x} \times \sqrt{\varphi} \quad \cdots\cdots \beta$$

* Um die beiden Gleichungen besser vergleichen zu können, versehe ich die unterschiedlichen Teile jeweils mit einer Nummer.

$$①\,(\,4\,) \times x = \frac{4\sqrt{\varphi}}{x} \times \left(\frac{4}{\pi}\right)②$$

$$③\,(\sqrt{\varphi}\,\pi) \times x = \frac{4\sqrt{\varphi}}{x} \times (\sqrt{\varphi}\,)④$$

Da sowohl bei der oberen als auch bei unteren Gleichung x und $\frac{4\sqrt{\varphi}}{x}$ gleichsind, handelt es sich bei den beiden Gleichungen α und β um exakt dieselbe Gleichung, sofern ① und ③ sowie ② und ④ „exakt denselben Wert" aufweisen.

Zu Referenzzwecken berechne ich erneut die Werte aus der Überschlagsrechnung von ① bis ④ mit $\pi \approx 3{,}14$ sowie $\varphi \approx 1{,}6180$ und stelle die entsprechenden Werte dar.

① 4   ② $\frac{4}{\pi} \approx 1{,}2738$ ③ $\sqrt{\varphi}\,\pi \approx 3{,}9940$ ④ $\sqrt{\varphi} \approx 1{,}2720$

Es handelt sich zwar um Werte der Überschlagsrechnung, aber wie Sie erkennen können, weisen ① und ③ sowie ② und ④ sehr nahestehende Werte auf. Da wir bereits wissen, dass es sich bei $\frac{4}{\pi}$ und $\sqrt{\varphi}$ um einen sehr nahestehenden Wert handelt, waren diese durchaus die zu erwartende Ergebnisse.

Im Folgenden führe ich vier Berechnungen durch, um nachzuweisen, ob es sich bei den hintereinanderstehenden Gleichungen α und β, um exakt dieselben Gleichungen mit „exakt denselben Werten" handelt oder nicht.

* Bitte achten Sie darauf, dass Sie bei der Multiplikation die Nummern ① bis ④ nicht verwechseln!

1. Zum Ersten, falls ① und ③ sowie ② und ④ dieselbe Werte aufweisen, müssen die Werte bei einer Multiplikation von ① und ④ sowie von ② und ③ gleich sein. Diese Berechnung möchte ich sogleich durchführen.

$$(4) \times (\sqrt{\varphi}) = (\frac{4}{\pi}) \times (\sqrt{\varphi \pi}) \rightarrow 4\sqrt{\varphi} = 4\sqrt{\varphi} \quad \text{...sie sind gleich.}$$

①   ④   ②   ③

2. Zum Zweiten, falls ① und ③ sowie ② und ④ gleiche Werte aufweisen, müsste die Berechnung bei einer gegenseitigen Ersetzung von ① in die Gleichung ③ sowie ③ in die Gleichung ① (d. h. ich tausche ① und ③ aus) exakt denselben Wert ergeben und die beiden Ergebnisse müssten gleichzeitig entstehen. Also rechnen wir nach.

Ersetzung von ① durch ③ $(\sqrt{\varphi \pi}) \times x = \frac{4\sqrt{\varphi}}{x} \times \frac{4}{\pi} \rightarrow x^2 = \frac{16}{\pi^2} \rightarrow x = \frac{4}{\pi}$

Ersetzung von ③ durch ① (4) $\times x = \frac{4\sqrt{\varphi}}{x} \times \sqrt{\varphi} \rightarrow x^2 = \varphi \rightarrow x = \sqrt{\varphi}$

Wie bitte? Wir haben ein unterschiedliches Ergebnis erhalten?

Wir wollen nun das Ergebnis anhand zwei Methoden überprüfen, um festzustellen, ob die Ersetzung zwei unterschiedliche Gleichungen herbeiführte, oder ob die Werte exakt dieselbe sind, und wir „exakt dasselbe Ergebnis" erhalten haben. Als erstes bitte ich Sie, x in der **Abbildung A.** noch einmal anzusehen.

20

3. Kapitel | Ableitung von $\frac{4}{\pi} = \sqrt{\varphi}$ anhand einer Formel der Beziehung

x steht für „eine Seite des Quadrates", sodass der Wert des Flächeninhaltes x^2, also $\frac{4\sqrt{\varphi}}{\pi}$ beträgt. Die Methode, die die Ergebnisse der beiden Austauschberechnungen sich miteinander vereinbaren lässt, lässt, unter der Annahme, dass ...

$$x = \frac{4}{\pi} = \sqrt{\varphi} \text{ ist, } x = \sqrt{\varphi} \text{ sowie } x = \frac{4}{\pi} \text{ zugleich entstehen.}$$

Bei dem Zweiten stellt x „eine Seite des Quadrates" und gleichzeitig den Durchmesser des Kreises dar. Wenn wir dies also anwenden, um den Flächeninhalt des Kreises zu berechnen, müssten wir dasselbe Ergebnis erhalten. Schauen Sie sich bitte die folgende Abbildung an, um die beiden wichtigsten, zentralen Berechnungen zu bestätigen, mit denen wir feststellen können, dass $\frac{4}{\pi}$ und $\sqrt{\varphi}$ gleich sind. Der Flächeninhalt des Kreises von **Abbildung A.** beträgt $\sqrt{\varphi}$.

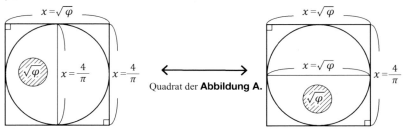

* Dies beweist, dass $\frac{4}{\pi}$ und $\sqrt{\varphi}$ exakt denselben Wert aufweisen.
* D. h. man erhält dasselbe Ergebnis, wenn man ① und ③ austauscht

Wenn wir den Durchmesser x sowohl mit $\frac{4}{\pi}$ als auch mit $\sqrt{\varphi}$, die wir nach der Austauschrechnung erhalten haben, ersetzen, erhalten wir dasselbe Ergebnis, das $x = \sqrt{\varphi}$ und $x = \frac{4}{\pi}$ zugleich entstehen lässt.

$\therefore$ entsteht $x = \frac{4}{\pi} = \sqrt{\varphi}$ ($\therefore$ steht für „Somit")

3. Zum Dritten, möchte ich genauso wie unter Punkt 2. eine Berechnung mit einer gegenseitigen Ersetzung in den Gleichungen von ② und ④ (d. h. ich tausche ② und ④ aus) durchführen.

$$\begin{array}{l} \text{Ersetzung von ② durch ④} \quad 4 \times x = \frac{4\sqrt{\varphi}}{x} \times (\sqrt{\varphi}) \rightarrow x^2 = \varphi \rightarrow x = \sqrt{\varphi} \\ \text{Ersetzung von ④ durch ②} \quad \sqrt{\varphi}\pi \times x = \frac{4\sqrt{\varphi}}{x} \times (\frac{4}{\pi}) \rightarrow x^2 = \frac{16}{\pi^2} \rightarrow x = \frac{4}{\pi} \end{array}$$

Wir haben exakt dasselbe Ergebnis erhalten. Wenn wir dieses nun mit dem Ergebnis von 2. vergleichen, stellen wir fest, dass durch die Ersetzung von ($\frac{4}{\pi}$) und ($\sqrt{\varphi}$) auch x durch $\frac{4}{\pi}$ und $\sqrt{\varphi}$ ersetzt wurde. Das bedeutet, auch wenn man ② und ④ austauscht, führen beide zum selben Ergebnis.

$$\therefore \text{ergibt } x = \sqrt{\varphi} = \frac{4}{\pi}.$$

Bevor ich nun mit dem vierten Nachweis beginne, möchte ich Sie, Leserinnen und Leser, fragen, ob Ihnen eine Frage aufgestiegen ist? Ich meine mit der Frage das Folgende: Weshalb formen wir die Gleichung $x^2 = \frac{4\sqrt{\varphi}}{\pi}$ aus **Abbildung A.b**...

nicht zu $x = \frac{4}{\pi} = \sqrt{\varphi}$ um?

Wenn Sie auch darauf gekommen sind, bitte schauen Sie sich die nächste Abbildung (**Beispiel 1, Beispiel 2**) an.

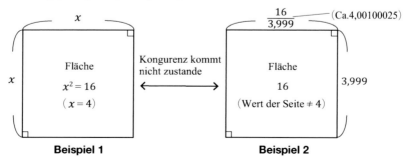

22

3. Kapitel | Ableitung von $\frac{4}{\pi} = \sqrt{\varphi}$ anhand einer Formel der Beziehung

Verstehen Sie den Sinn der Abbildungen? In der Abbildung **Beispiel 1** beträgteine Seite 4 und folglich ergibt sich der Flächeninhalt 16.

In der Abbildung **Beispiel 2** weicht der Wert der Seite zwar etwas von 4 ab, aber ergibt genau den gleichen Flächeninhalt von 16, wie bei **Beispiel 1**. Wie Sie erkennen können, kommt $x = 3{,}999 = \frac{16}{3.999}$ nicht zustande.

$x^2 = \frac{4\sqrt{\varphi}}{\pi}$ ist der Flächeninhalt des Quadrates (x^2), der tatsächlich durch Multiplizieren von einem Kreis mit einem Flächeninhalt von $\sqrt{\varphi}$ mit $\frac{4}{\pi}$ abgeleitet wurde. Das bedeutet, dass die Ableitung „$x = \frac{4}{\pi} = \sqrt{\varphi}$" nicht möglich ist, solange es nicht nachgewiesen ist, dass x und $\frac{4}{\pi}$ und $\sqrt{\varphi}$ gleich sind. Die einzige mögliche Berechnung, anhand der Gleichung $x^2 = \frac{4\sqrt{\varphi}}{\pi}$ ist, …

…lediglich die Quadratwurzel ($\sqrt{}$) von $\frac{4\sqrt{\varphi}}{\pi}$ aus $x = (\frac{4\sqrt{\varphi}}{\pi})^{\frac{1}{2}}$.

Aus diesem Grund werde ich die Durchführung des Nachweises anhand einer Methode mit Umwegen vorantreiben.
Nun zurück zum vierten Nachweis.

4. Beim vierten Nachweis handelt es sich um eine Berechnung, die nicht nur mir, sondern auch den Leserinnen und Lesern dieses Buches leicht in den Sinn gekommen sein muss. Falls ① und ③ sowie ② und ④, genau gleich wie bei den vorangegangenen Rechnungen 1, 2 und 3, exakt denselben Wert aufweisen, müssen die Werte bei der Multiplikation von ① mit ② sowie bei der Multiplikation von ③ mit ④ gleich sein. Rechnen wir diese gleich einmal nach.

$$(4) \times (\frac{4}{\pi}) = (\sqrt{\varphi}\pi) \times (\sqrt{\varphi}) \rightarrow \frac{16}{\pi^2} = \varphi \rightarrow \frac{4}{\pi} = \sqrt{\varphi}$$
$$\textcircled{1} \quad \textcircled{2} \qquad \textcircled{3} \qquad \textcircled{4}$$

Wir haben gleiches Ergebnis wie bei den bisherigen Nachweisen erhalten. Verstehen Sie, weshalb ich diese Berechnung zuletzt vorgenommen habe? Wenn man diese Berechnung als erstes durchführt, ist es noch nicht ersichtlich, dass $\frac{4}{\pi}$ und $\sqrt{\varphi}$ „exakt denselben Wert" darstellen. Dies ist ein Nachweis, der erst nach dem zweiten und dem dritten Nachweis seine Gültigkeit erlangt.

Als nächstes möchte ich die bisherigen vier Nachweise ergänzen. Wenn x und $\frac{4}{\pi}$ und $\sqrt{\varphi}$ gleich sind, muss sich für den Außenumfang (der Quadrate) in den **Abbildungen A., B. und C.** ergeben, dass das Zweifache des Außenumfangs ($4\,x$) in der **Abbildung A.** der Summe des Außenumfangs in den **Abbildungen B. und C.** (jeweils $\frac{16}{\pi}$ und $4\sqrt{\varphi}$) entspricht, woraus sich das Berechnungsergebnis $x = \sqrt{\varphi} = \frac{4}{\pi}$ ableiten lässt.

Wir berechnen das Ganze mit der rechten Seite der einfachen Gleichung d. der jeweiligen Abbildung.

$$4\,x \times 2 = \frac{16}{\pi} + 4\sqrt{\varphi}\ \left(\frac{32\sqrt{\varphi}}{x\pi} = \frac{4x^2}{\sqrt{\varphi}} + x^2\pi\right) \leftarrow \text{Verwendung der rechten}$$

Seite der Gleichung

Einsetzung der Gleichung B.a. $\dfrac{x^2}{\sqrt{\varphi}} = \dfrac{4}{\pi}$

$$4x \times 2 = \frac{16}{\pi} + 4\sqrt{\varphi}$$

$$2x = \frac{4}{\pi} + \sqrt{\varphi}$$

$$2x = \left(\frac{x^2}{\sqrt{\varphi}}\right) + \sqrt{\varphi}$$

$$2\sqrt{\varphi}x = x^2 + \varphi$$

$$x^2 - 2\sqrt{\varphi}x + \varphi = 0$$

$$(x - \sqrt{\varphi})^2 = 0$$

$$x = \sqrt{\varphi}$$

Einsetzung von $\sqrt{\varphi} = \dfrac{\pi x^2}{4}$ aus Gleichung B.a.

$$4x \times 2 = \frac{16}{\pi} + 4\sqrt{\varphi}$$

$$2x = \frac{4}{\pi} + \sqrt{\varphi}$$

$$2x = \frac{4}{\pi} + \left(\frac{\pi x^2}{4}\right)$$

$$\frac{8x}{\pi} = \frac{16}{\pi^2} + x^2$$

$$x^2 - \frac{8x}{\pi} + \frac{16}{\pi^2} = 0$$

$$\left(x - \frac{4}{\pi}\right)^2 = 0$$

$$x = \frac{4}{\pi}$$

Dies führt zum selben Ergebnis wie die vier Nachweise und lässt $x = \frac{4}{\pi} = \sqrt{\varphi}$ zustande kommen.

3. Kapitel | Ableitung von $\frac{4}{\pi} = \sqrt{\varphi}$ anhand einer Formel der Beziehung

Ich ergänze das Ganze noch einmal mit einer anderen Methode. Ich verwende dazu die Gleichung für den Kreisumfang A.c. $x\pi = \frac{4\sqrt{\varphi}}{x}$ aus **Abbildung A.** Bitte sehen Sie sich die nächste Abbildung und die Berechnung an. Wir können erkennen, dass $\sqrt{\varphi}$ und $\frac{4}{\pi}$ etwa in einer Beziehung der „Vorder- und Rückseite einer Münze" stehen.

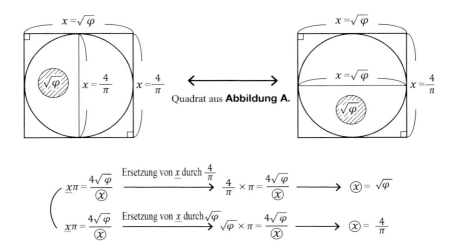

Können Sie den Sinn der Berechnung verstehen? Wenn wir das eine x entweder durch $\frac{4}{\pi}$ oder durch $\sqrt{\varphi}$ ersetzen, wird das andere $\widehat{x}$ zum gegenteiligen $\sqrt{\varphi}$ oder $\frac{4}{\pi}$. Mit anderen Worten wird aus der Gleichung des Kreisumfangs ersichtlich, dass x zugleich $\frac{4}{\pi}$ und $\sqrt{\varphi}$ entspricht. Wir erhalten dasselbe Ergebnis wie in den bisherigen Nachweisen.

∴ kommt $x = \frac{4}{\pi} = \sqrt{\varphi}$ zustande und daraus wird ersichtlich, dass es sich bei den beiden Gleichungen α und β um exakt dieselbe Gleichung mit „exakt demselben Wert" handelt.

Als nächstes möchte ich das Ganze mit **Abbildung B.** nachweisen.

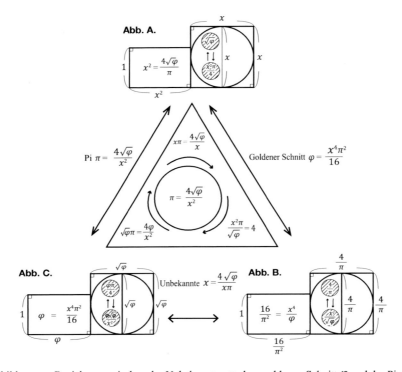

Abbildung zur Beziehung zwischen der Unbekannten x, dem goldenen Schnitt φ und der Pi π

$$x = \sqrt{\varphi} = \frac{4}{\pi}$$

Abb. A. $\cong$ **Abb. B.** $\cong$ **Abb. C.**

©Umeniuguisu 2017, Printed in Japan

**Legen wir doch eine kurze Pause ein, während wir uns die obige Abbildung versunken ansehen.
Ist in Ihrem Gehirn alles in Ordnung?
Ich hoffe, Sie verziehen Ihr Gesicht nicht wie eine Bulldogge.**

3. Kapitel | Ableitung von $\frac{4}{\pi} = \sqrt{\varphi}$ anhand einer Formel der Beziehung

Im Falle der Gleichung Abbildung B.

Ich werde den Nachweis auf dieselbe Art und Weise wie bei **Abbildung A.** erbringen. Dabei werde ich die wiederholenden Erklärungen weglassen.

Wenn man die Gleichung B.c. in der **Abbildung B.** mit $\frac{4}{\pi}$ multipliziert, erhält man die Gleichung B.d. Ich überprüfe dies, indem ich sie bei diesem Prozess mit $\sqrt{\varphi}$ anstatt mit $\frac{4}{\pi}$ multipliziere. Anschließend vergleiche ich die beiden Gleichungen.

$$\frac{x^2\pi}{\sqrt{\varphi}} = 4 \xrightarrow{\times \frac{4}{\pi}} \frac{4}{\sqrt{\varphi}} \times x^2 = 4 \times \frac{4}{\pi} \quad \cdots\cdots \alpha$$

(Ersetzung des Multiplikationsfaktors mit $\sqrt{\varphi}$)

$$\frac{x^2\pi}{\sqrt{\varphi}} = 4 \xrightarrow{\times \sqrt{\varphi}} \pi \times x^2 = 4 \times \sqrt{\varphi} \quad \cdots\cdots \beta$$

* Um die beiden Gleichungen besser vergleichen zu können, versehe ich die unterschiedlichen Teile jeweils mit einer Nummer.

$$①\left(\frac{4}{\sqrt{\varphi}}\right) \times x^2 = 4 \times \left(\frac{4}{\pi}\right) ②$$

$$③\left(\pi \right) \times x^2 = 4 \times \left(\sqrt{\varphi}\right) ④$$

Da sowohl bei der oberen als auch bei unteren Gleichung x^2 und 4 gleich sind, handelt es sich bei den beiden Gleichungen α und β um exakt dieselbe Gleichung, sofern ① und ③ sowie ② und ④ „exakt denselben Wert " aufweisen.

Zu Referenzzwecken berechne ich die Werte der Überschlagsrechnung von ① bis ④ mit $\pi \approx 3{,}14$ sowie $\varphi \approx 1{,}6180$.

① $\frac{4}{\sqrt{\varphi}} \approx 3{,}1446$ ② $\frac{4}{\pi} \approx 1{,}2738$ ③ $\pi \approx 3{,}14$ ④ $\sqrt{\varphi} \approx 1{,}2720$

Wenn Sie sich den berechneten Wert ansehen, stellen Sie fest, dass ① und ③ sowie ② und ④ jeweils sehr nahestehende Werte darstellen. Genauso wie bei **Abbildung A.** möchte ich nun vier gleiche Berechnungen durchführen, um nachzuweisen, ob es sich bei den beiden Gleichungen α und β um ein und dieselbe Gleichung mit „exakt demselben Wert" handelt oder nicht.

27

1. Zum Ersten, falls es sich bei ① und ③ sowie bei ② und ④ um gleiche Werte handeln sollte, müssten wir bei der Multiplikation von ① mit ④ sowie bei der Multiplikation von ② und ③ einen gleichen Wert erhalten. Wir führen nun die Berechnung durch.

$$(\frac{4}{\sqrt{\varphi}}) \times \sqrt{\varphi} = (\frac{4}{\pi}) \times (\pi) \to \quad 4 = 4 \dots \text{ergeben das gleiche Ergebnis.}$$
$$\;\;① \qquad ④ \qquad ② \quad\; ③$$

2. Zum Zweiten, falls es sich bei ① und ③ sowie ② und ④ um gleiche Werte handeln sollte, müsste die Berechnung bei einer gegenseitigen Ersetzung von ③ in die Gleichung ①sowie ①in die Gleichung ③ (d. h. ich tausche ① und ③ aus) exakt denselben Wert ergeben. Wir führen nun die Berechnung durch.

$$\left[\begin{array}{l} \text{Ersetzung von ① durch ③ } (\pi) \times x^2 = 4 \times \frac{4}{\pi} \to x^2 = \frac{16}{\pi^2} \to x = \frac{4}{\pi} \\ \text{Ersetzung von ③ durch ① } (\frac{4}{\sqrt{\varphi}}) \times x^2 = 4 \times \sqrt{\varphi} \to x^2 = \varphi \to x = \sqrt{\varphi} \end{array} \right.$$

$\therefore$ ist $x = \frac{4}{\pi} = \sqrt{\varphi}$ …und wir erhalten dasselbe Ergebnis wie bei

Abbildung A.

3. Zum Dritten, möchte ich genauso wie unter Punkt 2. eine Berechnung mit einer gegenseitigen Ersetzung in den Gleichungen von ② und ④ (d. h. ich tausche ② und ④ aus) durchführen.

$$\left[\begin{array}{l} \text{Ersetzung von ② durch ④ } \frac{4}{\sqrt{\varphi}} \times x^2 = 4 \times (\sqrt{\varphi}) \to x^2 = \varphi \to x = \sqrt{\varphi} \\ \text{Ersetzung von ④ durch ② } \pi \times x^2 = 4 \times (\frac{4}{\pi}) \to x^2 = \frac{16}{\pi^2} \to x = \frac{4}{\pi} \end{array} \right.$$

$\therefore$ ist $x = \sqrt{\varphi} = \frac{4}{\pi}$ …und wir erhalten dasselbe Ergebnis wie bei

Abbildung A.

3. Kapitel | Ableitung von $\frac{4}{\pi} = \sqrt{\varphi}$ anhand einer Formel der Beziehung

4. Zum Vierten, falls es sich bei ① und ③ sowie ② und ④ um gleiche Werte handeln sollte, müssten wir bei der Multiplikation von ① mit ② sowie bei der Multiplikation von ③ mit ④ einen gleichen Wert erhalten. Wir führen nun die Berechnung durch.

$$\left(\frac{4}{\sqrt{\varphi}}\right) \times \left(\frac{4}{\pi}\right) = (\pi) \times (\sqrt{\varphi}) \rightarrow \frac{16}{\sqrt{\varphi}\pi} = \sqrt{\varphi}\pi \rightarrow \frac{4}{\pi} = \sqrt{\varphi}$$

Wir erhalten dasselbe Ergebnis wie bei **Abbildung A**. Als nächstes wollen wir auch bei **Abbildung C.** mit demselben Inhalt nachweisen.

Im Falle der Gleichung Abbildung C.

Ich werde den Nachweis auf dieselbe Art und Weise wie bei den **Abbildungen A. und B.** erbringen. Dabei werde ich die wiederholenden Erklärungen weglassen.

Wenn man die Gleichung C.c. in der **Abbildung C.** mit $\frac{4}{\pi}$ multipliziert, erhält man die Gleichung C.d. Ich überprüfe dies, indem ich bei diesem Prozess die Multiplikation mit $\sqrt{\varphi}$ statt $\frac{4}{\pi}$ durchführe. Anschließend vergleiche ich die beiden Gleichungen.

$$\sqrt{\varphi}\pi = \frac{4\varphi}{x^2} \xrightarrow{\times \frac{4}{\pi}} 4 \times \sqrt{\varphi} = \frac{4\varphi}{x^2} \times \frac{4}{\pi} \quad \cdots\cdots\cdots\cdots \alpha$$

(Ersetzung des Multiplikationsfaktors mit $\sqrt{\varphi}$)

$$\sqrt{\varphi}\pi = \frac{4\varphi}{x^2} \xrightarrow{\times \sqrt{\varphi}} \sqrt{\varphi}\pi \times \sqrt{\varphi} = \frac{4\varphi}{x^2} \times \sqrt{\varphi} \quad \cdots\cdots\cdots \beta$$

* Um die beiden Gleichungen besser vergleichen zu können, versehe ich die unterschiedlichen Teile jeweils mit einer Nummer.

$$①\,(\,4\,)\, \times \sqrt{\varphi} = \frac{4\varphi}{x^2} \times \left(\frac{4}{\pi}\right)②$$

$$③\,(\sqrt{\varphi}\pi)\, \times \sqrt{\varphi} = \frac{4\varphi}{x^2} \times (\sqrt{\varphi})④$$

Da sowohl bei der oberen als auch bei unteren Gleichung $\sqrt{\varphi}$ und $\frac{4\varphi}{x^2}$ gleich sind, handelt es sich bei den beiden Gleichungen α und β um exakt dieselbe Gleichung, sofern ① und ③ sowie ② und ④ „exakt denselben Wert " aufweisen.

29

Zu Referenzzwecken berechne ich die Werte der Überschlagsrechnung von ① bis ④ mit $\pi \approx 3{,}14$ sowie $\varphi \approx 1{,}6180$.

① 4 ② $\dfrac{4}{\pi} \approx 1{,}2738$ ③ $\sqrt{\varphi\pi} \approx 3{,}9940$ ④ $\sqrt{\varphi} \approx 1{,}2720$

Wenn Sie sich die berechneten Werte ansehen, stellen Sie fest, dass ① und ③ sowie ② und ④ jeweils sehr nahestehende Werte darstellen. Genauso wie bei den **Abbildungen A. und B.** möchte ich nun anhand derselben vier Berechnungen überprüfen, ob es sich bei beiden Gleichungen α und β um exakt dieselbe Gleichung mit „exakt demselben Wert" handelt oder nicht.

1. Zum Ersten, falls es sich bei ① und ③ sowie bei ② und ④ um denselben Wert handeln sollte, müssten wir bei der Multiplikation von ① mit ④ sowie bei der Multiplikation von ② und ③ den gleichen Wert erhalten. Wir führen nun die Berechnung durch.

$$\underset{①}{(4)} \times \underset{④}{(\sqrt{\varphi})} = \underset{②}{(\tfrac{4}{\pi})} \times \underset{③}{(\sqrt{\varphi\pi})} \rightarrow 4\sqrt{\varphi} = 4\sqrt{\varphi} \ \ \ldots\text{ergeben das gleiche Ergebnis.}$$

2. Zum Zweiten, falls es sich bei ① und ③ sowie ② und ④ um gleiche Werte handeln sollte, müsste die Berechnung bei einer gegenseitigen Ersetzung von ③ in die Gleichung① sowie ① in die Gleichung③ (d. h. ich tausche ① und ③ aus) exakt denselben Wert ergeben. Also rechnen wir nach.

$$\left[\begin{array}{l} \text{Ersetzung von ① durch ③ } (\sqrt{\varphi\pi}) \times \sqrt{\varphi} = \dfrac{4\varphi}{x^2} \times \dfrac{4}{\pi} \rightarrow x^2 = \dfrac{16}{\pi^2} \rightarrow x = \dfrac{4}{\pi} \\[2mm] \text{Ersetzung von ③ durch ① } (4) \times \sqrt{\varphi} = \dfrac{4\varphi}{x^2} \times \sqrt{\varphi} \rightarrow x^2 = \varphi \rightarrow x = \sqrt{\varphi} \end{array}\right.$$

$\therefore$ ist $x = \dfrac{4}{\pi} = \sqrt{\varphi}$ …und wir erhalten dasselbe Ergebnis wie bei den **Abbildungen A. und B.**

3. Kapitel | Ableitung von $\frac{4}{\pi} = \sqrt{\varphi}$ anhand einer Formel der Beziehung

3. Zum Dritten, möchte ich genauso wie unter Punkt 2. eine Berechnung mit einer gegenseitigen Ersetzung in den Gleichungen von ② und ④ (d. h. ich tausche ② und ④ aus) durchführen. Also rechnen wir nach.

$$\begin{aligned} &\text{Ersetzung von ② durch ④ } 4 \times \sqrt{\varphi} = \frac{4\varphi}{x^2} \times \left(\sqrt{\varphi}\right) \rightarrow x^2 = \varphi \rightarrow x = \sqrt{\varphi} \\ &\text{Ersetzung von ④ durch ②} \sqrt{\varphi}\pi \times \sqrt{\varphi} = \frac{4\varphi}{x^2} \times \left(\frac{4}{\pi}\right) \rightarrow x^2 = \frac{16}{\pi^2} \rightarrow x = \frac{4}{\pi} \end{aligned}$$

∴ ist $x = \sqrt{\varphi} = \frac{4}{\pi}$ …und wir erhalten dasselbe Ergebnis wie bei **Abbildungen A. und B.**

4. Zum Vierten, falls es sich bei ① und ③ sowie ② und ④ um gleiche Werte handeln sollte, müssten die Werte bei der Multiplikation von ① mit ② sowie bei der Multiplikation von ③ mit ④ gleich sein. Wir führen nun die Berechnung durch.

$$(4) \times \left(\frac{4}{\pi}\right) = \left(\sqrt{\varphi}\pi\right) \times \left(\sqrt{\varphi}\right) \rightarrow \frac{16}{\pi} = \varphi\pi \rightarrow \frac{4}{\pi} = \sqrt{\varphi}$$

Wir erhalten dasselbe Ergebnis wie bei den **Abbildung A. und B.**

Bisher haben wir in den **Abbildungen A., B. und C.** die Gleichung d., wobei c. (Gleichung des Kreisumfangs) mit $\frac{4}{\pi}$ multipliziert wurde und die Gleichung , wobei c. (Gleichung des Kreisumfangs) mit $\sqrt{\varphi}$ multipliziert wurde, verglichen. Das Ergebnis der Untersuchung zeigt, dass es sich bei den Gleichungen α und β um exakt dieselbe Gleichung mit „exakt demselben Wert" handelt. Zugleich zeigt das Ergebnis auch, dass $\sqrt{\varphi}$ und $\frac{4}{\pi}$ „exakt denselben Wert" darstellen.

| **4. Kapitel** | **Überprüfung von** $\pi = \dfrac{4}{\sqrt{\varphi}}$ |

Ich denke, dass ein Großteil der Leserinnen und Leser während der bisherigen Berechnungen bereits folgendes erkannt haben.

$x = \dfrac{4}{\pi} = \sqrt{\varphi}$ …folglich gilt $\pi = \dfrac{4}{\sqrt{\varphi}}$ (Ja, das ist die Überschrift dieses Buches.)

$\pi = \dfrac{4}{\sqrt{\varphi}}$ **Eine wahrlich schöne Formel, nicht wahr?**

Ich möchte nun überprüfen, ob die Ergebnisse aus den Nachweisen nicht auf die einzelnen Abbildungen, sondern auf die **Abbildungen A., B. und C.** zugleich zutreffen. Dadurch wird es deutlich, dass der auf Seite 17 erwähnte „Zufall" in Wirklichkeit eine „Notwendigkeit" ist. Ferner möchte ich in diesem Kapitel die besondere Eigenschaft von $\dfrac{4}{\pi}$ aufzeigen, die sich in Abbildungen versteckt, und überprüfen, dass $\sqrt{\varphi}$ und $\dfrac{4}{\pi}$ gleich sind. Die Überprüfung kann durch sämtliche Gleichungen vorgenommen werden, aber ich werde in der Gleichung c. (Kreisumfang) der jeweiligen Abbildungen $\dfrac{4}{\pi}$ sowie $\sqrt{\varphi}$ mit x ersetzen, da mir diese als am besten geeignet erscheint. Wir werden feststellen, dass das Ergebnis der Gleichung nach erfolgter Ersetzung ein „äußerst schönes Ergebnis" darstellt. Leserinnen und Leser, die Mathematik lieben, würde ich gerne um eine Überprüfung bitten, ob meine Berechnungen korrekt sind.

4. Kapitel | Überprüfung von $\pi = \dfrac{4}{\sqrt{\varphi}}$

Gleichung der	Einsetzung von $\frac{4}{\pi}$	$\frac{4\pi}{\pi} = \frac{4\sqrt{\varphi}\pi}{4} \rightarrow \sqrt{\varphi}\pi = 4$
Abbildung A.c. $x\pi = \frac{4\sqrt{\varphi}}{x}$	Einsetzung von $\sqrt{\varphi}$	$\sqrt{\varphi}\pi = \frac{4\sqrt{\varphi}}{\sqrt{\varphi}} \rightarrow \sqrt{\varphi}\pi = 4$
Gleichung der	Einsetzung von $\frac{4}{\pi}$	$\frac{16\pi}{\pi^2\sqrt{\varphi}} = 4 \rightarrow \sqrt{\varphi}\pi = 4$
Abbildung B.c. $\frac{x^2\pi}{\sqrt{\varphi}} = 4$	Einsetzung von $\sqrt{\varphi}$	$\frac{\varphi\pi}{\sqrt{\varphi}} = 4 \rightarrow \sqrt{\varphi}\pi = 4$
Gleichung der	Einsetzung von $\frac{4}{\pi}$	$\sqrt{\varphi}\pi = \frac{4\varphi\pi^2}{16} \rightarrow \sqrt{\varphi}\pi = 4$
Abbildung C.c. $\sqrt{\varphi}\pi = \frac{4\varphi}{x^2}$	Einsetzung von $\sqrt{\varphi}$	$\sqrt{\varphi}\pi = \frac{4\varphi}{\varphi} \rightarrow \sqrt{\varphi}\pi = 4$

Die Berechnungen haben jedes Mal dasselbe Ergebnis erhalten. Erkennen Sie, was geschehen ist? Der Wert des Kreisumfangs der unabhängig voneinander erstellten **Abbildungen A., B. und C.** beträgt 4 und es lässt sich feststellen, dass es dabei in Wirklichkeit um „kongruente Abbildungen" handelt.

Ich möchte Sie ferner auf die Gleichung A.c. aufmerksam machen, die sowohl auf der rechten als auch auf der linken Seite ein x enthält. Zu Referenzzwecken dient die Erklärung auf Seite 25.

Gleichung von	Einsetzung von $\sqrt{\varphi}$ (links) und $\frac{4}{\pi}$ (rechts) … $\sqrt{\varphi}\,\pi = \sqrt{\varphi}\,\pi$	
A.c. $x\pi = \frac{4\sqrt{\varphi}}{x}$	Einsetzung von $\frac{4}{\pi}$ (links) und $\sqrt{\varphi}$ (rechts) … $4 = 4$	

Da $\sqrt{\varphi}\,\pi$ gleich 4 ist, erhält man dasselbe Ergebnis, selbst wenn man das linke x und das rechte x, unabhängig voneinander, mit $\frac{4}{\pi}$ bzw. mit $\sqrt{\varphi}$ ersetzt, sodass es sich feststellen lässt, dass $\frac{4}{\pi}$ und $\sqrt{\varphi}$ exakt denselben Wert aufweisen.

Wie bitte? Sie möchten alle Gleichungen überprüfen!?

Dann führe ich nachfolgend die Ergebnisse sämtlicher Gleichungen nach erfolgter Ersetzung auf.

	Ergebnis des Einsatzes von $\sqrt{\varphi}$	Ergebnis des Einsatzes von $\frac{4}{\pi}$	Ergebnis der Berechnung von π
Gleichung A.a. (Flächeninhalt des Kreises)	$\sqrt{\varphi} = \frac{4}{\pi}$	$\sqrt{\varphi} = \frac{4}{\pi}$	$\pi = \frac{4}{\sqrt{\varphi}}$
Gleichung A.b. (Flächeninhalt des Quadrates und des Rechtecks)	$\varphi = \frac{4\sqrt{\varphi}}{\pi}\left(\frac{4\sqrt{\varphi}}{\pi} = \frac{16}{\pi^2}\right)$	$\frac{16}{\pi^2} = \frac{4\sqrt{\varphi}}{\pi}\left(\frac{16}{\pi^2} = \varphi\right)$	$\pi = \frac{4}{\sqrt{\varphi}}$
Gleichung A.c. (Kreisumfang)	$\sqrt{\varphi}\,\pi = 4$	$\sqrt{\varphi}\,\pi = 4$	$\pi = \frac{4}{\sqrt{\varphi}}$
Gleichung A.d. (Außenumfang des Quadrates)	$\frac{16}{\pi} = 4\sqrt{\varphi}$	$\frac{16}{\pi} = 4\sqrt{\varphi}$	$\pi = \frac{4}{\sqrt{\varphi}}$
Gleichung B.a. (Flächeninhalt des Kreises)	$\sqrt{\varphi} = \frac{4}{\pi}$	$\sqrt{\varphi} = \frac{4}{\pi}$	$\pi = \frac{4}{\sqrt{\varphi}}$
Gleichung B.b. (Flächeninhalt des Quadrates und des Rechtecks)	$\varphi = \frac{16}{\pi^2}$	$\varphi = \frac{16}{\pi^2}$	$\pi = \frac{4}{\sqrt{\varphi}}$
Gleichung B.c. (Kreisumfang)	$\sqrt{\varphi}\,\pi = 4$	$\sqrt{\varphi}\,\pi = 4$	$\pi = \frac{4}{\sqrt{\varphi}}$
Gleichung B.d. (Außenumfang des Quadrates)	$\frac{16}{\pi} = 4\sqrt{\varphi}$	$\frac{16}{\pi} = 4\sqrt{\varphi}$	$\pi = \frac{4}{\sqrt{\varphi}}$
Gleichung C.a. (Flächeninhalt des Kreises)	$\sqrt{\varphi} = \frac{4}{\pi}$	$\sqrt{\varphi} = \frac{4}{\pi}$	$\pi = \frac{4}{\sqrt{\varphi}}$
Gleichung C.b. (Flächeninhalt des Quadrates und des Rechtecks)	$\varphi = \frac{16}{\pi^2}$	$\varphi = \frac{16}{\pi^2}$	$\pi = \frac{4}{\sqrt{\varphi}}$
Gleichung C.c. (Kreisumfang)	$\sqrt{\varphi}\,\pi = 4$	$\sqrt{\varphi}\,\pi = 4$	$\pi = \frac{4}{\sqrt{\varphi}}$
Gleichung C.d. (Außenumfang des Quadrates)	$\varphi\pi = \frac{16}{\pi} = 4\sqrt{\varphi}$	$\frac{16}{\pi} = 4\sqrt{\varphi}$	$\pi = \frac{4}{\sqrt{\varphi}}$

Um die Ergebnisse der Berechnungen nach erfolgter Einsetzung einfacher vergleichen zu können, habe ich dieselben Formeln entweder links oder rechts von den Gleichungen aufgelistet. Aus den sämtlichen Gleichungen geht es hervor, dass die **Abbildungen A., B. und C.** kongruent sind. Wir verstehen, dass diese Gleichungen das Berechnungsergebnis $\pi = \frac{4}{\sqrt{\varphi}}$ ableiten können.

Bezüglich der Erklärung zu dem „dritten Grund", die ich auf Seite 11 nicht zu Ende geführt habe, bitte ich Sie nun, sich die nachfolgende Tabelle anzusehen, in der sich die besondere Eigenschaft von $\frac{4}{\pi}$ feststellen lässt.

Ich bitte Sie, Ihre Aufmerksamkeit besonders auf das $\frac{4}{\pi}$ mit der gewellten Linie in der Tabelle zu richten.

4. Kapitel | Überprüfung von $\pi = \dfrac{4}{\sqrt{\varphi}}$

Schematische Darstellung	Durchmesser	Kreisumfang	Flächeninhalt des Kreises	Flächeninhalt des Quadrates	Flächeninhalt der vier Ecken	Flächeninhalt des kleinen Rechtecks
	$\dfrac{7}{\pi}$	7	$\dfrac{49}{4\pi}$	$\dfrac{49}{\pi^2}$	$\dfrac{49}{\pi^2} - \dfrac{49}{4\pi}$	$\dfrac{49}{\pi^2} - \dfrac{7}{\pi}$
	$\dfrac{6}{\pi}$	6	$\dfrac{9}{\pi}$	$\dfrac{36}{\pi^2}$	$\dfrac{36}{\pi^2} - \dfrac{9}{\pi}$	$\dfrac{36}{\pi^2} - \dfrac{6}{\pi}$
	$\dfrac{5}{\pi}$	5	$\dfrac{25}{4\pi}$	$\dfrac{25}{\pi^2}$	$\dfrac{25}{\pi^2} - \dfrac{25}{4\pi}$	$\dfrac{25}{\pi^2} - \dfrac{5}{\pi}$
	$\dfrac{4}{\pi}$	4	$\dfrac{4}{\pi}$	$\dfrac{16}{\pi^2}$	$\dfrac{16}{\pi^2} - \dfrac{4}{\pi}$	$\dfrac{16}{\pi^2} - \dfrac{4}{\pi}$
	1	π	$\dfrac{\pi}{4}$	1	$1 - \dfrac{\pi}{4}$	0
	$\dfrac{3}{\pi}$	3	$\dfrac{9}{4\pi}$	$\dfrac{9}{\pi^2}$	$\dfrac{9}{\pi^2} - \dfrac{9}{4\pi}$	$\dfrac{9}{\pi^2} - \dfrac{27}{\pi^3}$
	$\dfrac{2}{\pi}$	2	$\dfrac{1}{\pi}$	$\dfrac{4}{\pi^2}$	$\dfrac{4}{\pi^2} - \dfrac{1}{\pi}$	$\dfrac{4}{\pi^2} - \dfrac{8}{\pi^3}$
	$\dfrac{1}{\pi}$	1	$\dfrac{1}{4\pi}$	$\dfrac{1}{\pi^2}$	$\dfrac{1}{\pi^2} - \dfrac{1}{4\pi}$	$\dfrac{1}{\pi^2} - \dfrac{1}{\pi^3}$

* Es handelt sich bei den Maßstäben der Abbildungen nicht um exakte Werte.
* Bitte achten Sie auf das Folgende: Abgesehen von den Fällen, in denen der Durchmesser $\dfrac{4}{\pi}$ beträgt, kommt es nicht vor, dass „der Durchmesser und der Flächeninhalt des Kreises" sowie „der Flächeninhalt der vier Ecken und der Flächeninhalt des kleinen Rechtecks " gleich sind.
(Dies trifft aber nur dann zu, wenn die linke Seite des Rechtecks wie auf der Abbildung 1 beträgt.)

Wenn der Durchmesser den Wert $\frac{4}{\pi}$ beträgt, entsprechen sich die Werte des Durchmessers und des Flächeninhaltes des Kreises sowie der Flächeninhalt der vier Ecken und der Flächeninhalt des kleinen Rechtecks wie in der obigen Tabelle. Dies ist bei Abbildungen mit anderen Durchmesserwerten nicht zu beobachten.

Diese besondere Eigenschaft stellt einen der wichtigsten Gründe dar, der die Vermutung zulässt, dass $\frac{4}{\pi}$ und $\sqrt{\varphi}$ „exakt denselben Wert" aufweisen (*Vorsicht ist nur in denjenigen Fällen geboten, in denen die linke Seite des Rechtecks wie in der Abbildung 1 beträgt).

Um diese Tatsache zu überprüfen, bitte ich Sie, sich die folgenden beiden Abbildungen anzusehen.

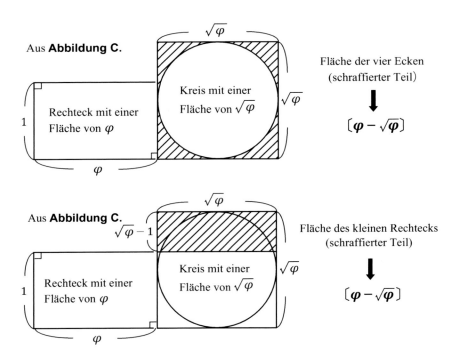

Aus den bisherigen Nachweisen, wissen wir, dass der Flächeninhalt des Kreises der **Abbildung C.** $\sqrt{\varphi}$ beträgt. Ferner ergibt sich aus der Abbildung, dass die Werte des Flächeninhaltes der jeweiligen schraffierten Flächen mit $\left[\varphi - \sqrt{\varphi}\right]$ gleich sind. Genauso wie bei $\frac{4}{\pi}$, entsprechen sich die Werte des Durchmessers und des Flächeninhaltes des Kreises sowie der Flächeninhalt der vier Ecken und der Flächeninhalt des kleinen Rechtecks, und somit erfüllt $\sqrt{\varphi}$ die besondere Eigenschaft, die eigentlich nur $\frac{4}{\pi}$ aufweisen sollte.

Wenn wir bis hierhin kommen, haben Sie vermutlich verstanden, weshalb ich beim „zweiten Grund" auf Seite 13 den Flächeninhalt des Kreises als $\sqrt{\varphi}$ festgesetzt habe. Die Erbringung des Beweises, dass das x zu jenem Zeitpunkt gleich $\sqrt{\varphi}$ war, führte sogleich zum Beweis, dass $\frac{4}{\pi}$ und $\sqrt{\varphi}$ gleich sind. Haben Sie auch den Grund verstanden, weshalb ich den Mittelschülern geraten habe, auf das Mogeln zu verzichten?

Vielen herzlichen Dank, dass Sie dieses Buch mit wachsendem Interesse gelesen haben…

Wie bitte? Ich gerate in Schwierigkeiten, wenn das Buch an dieser Stelle endet!

Die wahre Absicht dieses Buches liegt in den folgenden Erklärungen. Es handelt sich dabei möglicherweise um einen Inhalt, über den die meisten Menschen (einschließlich mich selbst sowie die Leserinnen und Leser dieses Buches) noch nie nachgedacht haben. Aber dieses Buch wurde verfasst, um Sie mit einer solch großen Frage zu konfrontieren.

Zum Schluss des 4. Kapitels möchte ich Ihnen die folgenden schematischen Darstellungen zu vier wichtigen Beziehungen aufzeigen.

Schematische Darstellung der Beziehung zwischen einem Dreieck mit einem goldenen Schnitt und den einzelnen Abbildungen I

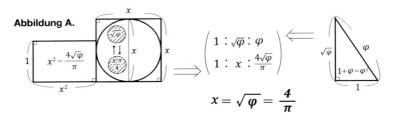

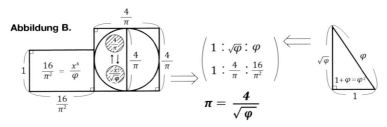

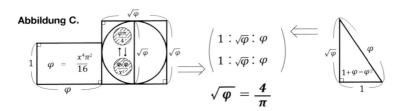

$$x = \sqrt{\varphi} = \frac{4}{\pi}$$

Nota
[:] Dieses mathematische Symbol steht in Japan für „Verhältnis ".

Abb. A. ≅ Abb. B. ≅ Abb. C.

©Umeniuguisu 2018, Printed in Japan

4. Kapitel | Überprüfung von $\pi = \frac{4}{\sqrt{\varphi}}$

Schematische Darstellung der Beziehung zwischen einem Dreieck mit einem goldenen Schnitt und den einzelnen Abbildungen II

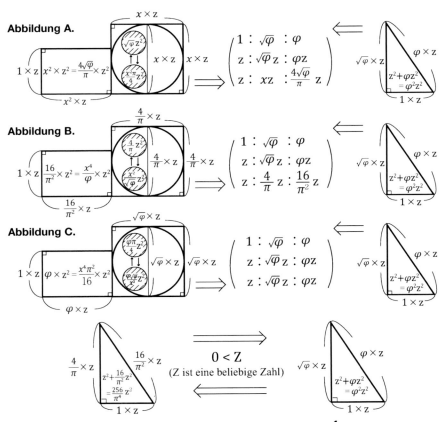

Unabhängig von der Größe der Zahl Z ist $\pi = \frac{4}{\sqrt{\varphi}}$ überprüfbar.

$$xZ = \sqrt{\varphi}\, Z = \frac{4}{\pi} Z$$

Abb. A. ≅ Abb. B. ≅ Abb. C.

©Umeniuguisu 2018, Printed in Japan

Schematische Darstellung der Beziehung zwischen einem Dreieck mit einem goldenen Schnitt und den einzelnen Abbildungen III

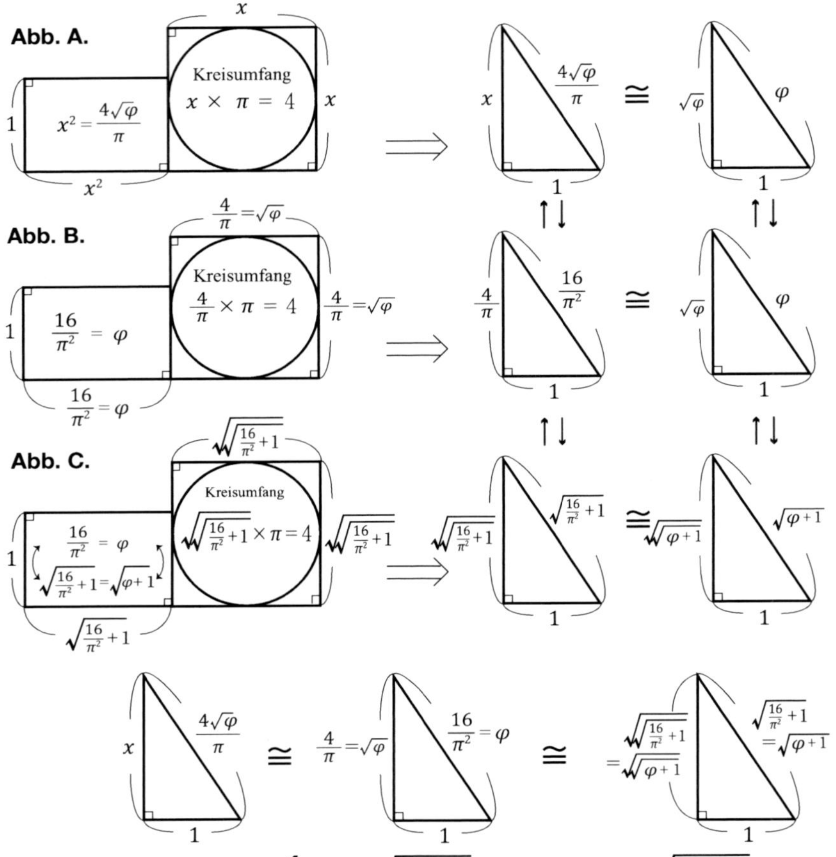

Abb. A.

$$x^2 = \frac{4\sqrt{\varphi}}{\pi}$$

Kreisumfang
$$x \times \pi = 4$$

$$x^2$$

$$x \quad \frac{4\sqrt{\varphi}}{\pi} \quad \cong \quad \sqrt{\varphi} \quad \varphi$$

Abb. B.

$$\frac{4}{\pi} = \sqrt{\varphi}$$

$$\frac{16}{\pi^2} = \varphi$$

Kreisumfang
$$\frac{4}{\pi} \times \pi = 4 \qquad \frac{4}{\pi} = \sqrt{\varphi}$$

$$\frac{16}{\pi^2} = \varphi$$

$$\frac{4}{\pi} \quad \frac{16}{\pi^2} \quad \cong \quad \sqrt{\varphi} \quad \varphi$$

Abb. C.

$$\sqrt{\frac{16}{\pi^2}+1}$$

$$\frac{16}{\pi^2} = \varphi$$

$$\sqrt{\frac{16}{\pi^2}+1} = \sqrt{\varphi+1}$$

Kreisumfang
$$\sqrt{\frac{16}{\pi^2}+1} \times \pi = 4 \qquad \sqrt{\frac{16}{\pi^2}+1}$$

$$\sqrt{\frac{16}{\pi^2}+1}$$

$$\sqrt{\frac{16}{\pi^2}+1} \quad \sqrt{\frac{16}{\pi^2}+1} \quad \cong \sqrt{\varphi+1} \quad \sqrt{\varphi+1}$$

$$x \quad \frac{4\sqrt{\varphi}}{\pi} \quad \cong \quad \frac{4}{\pi}=\sqrt{\varphi} \quad \frac{16}{\pi^2}=\varphi \quad \cong \quad =\sqrt{\varphi+1}\ \sqrt{\frac{16}{\pi^2}+1} \quad \sqrt{\frac{16}{\pi^2}+1}=\sqrt{\varphi+1}$$

$$\left[\begin{array}{l} x \ = \ \dfrac{4}{\pi} \ = \sqrt{\dfrac{16}{\pi^2}+1} \ = \sqrt{\varphi} \ = \sqrt{\varphi+1} \\[3mm] x^2 \ = \ \dfrac{16}{\pi^2} \ = \sqrt{\dfrac{16}{\pi^2}+1} \ = \ \varphi \ = \sqrt{\varphi+1} \end{array} \right]$$

Abb. A. $\cong$ Abb. B. $\cong$ Abb. C.

©Umeniuguisu 2018, Printed in Japan

4. Kapitel | Überprüfung von $\pi = \frac{4}{\sqrt{\varphi}}$

Die Werte der Beziehungen zwischen π und φ in der Abbildung.

Aus den Abbildungen A., B. und C.

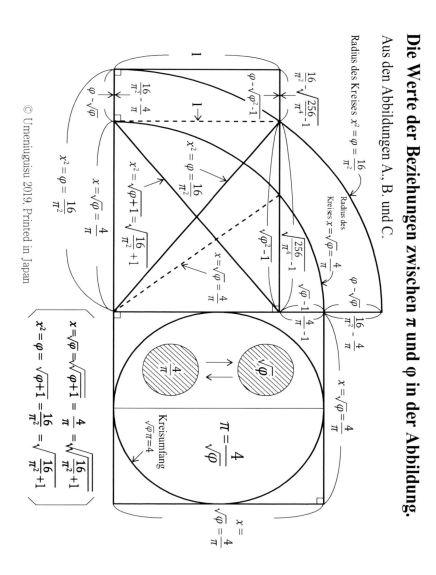

Nachwort

Wie hat Ihnen mein „Vorschlag zu einer neuen Berechnungsmethode von π, die mit dem mathematischen Wissensstand eines Mittelschülers verständlich ist" gefallen? Nun habe ich noch eine Frage an die Leserinnen und Leser dieses Buches.

Der Titel dieses Buches ist, nämlich…

$$\textbf{Wie?!} \quad \pi = \frac{4}{\sqrt{\varphi}} \quad \textbf{Ist das wahr!?}$$

Verstehen sie die „wahre Bedeutung" dieses Titels? Den Mathematikern sowie den Leserinnen und Lesern, die über umfassende mathematische Kenntnisse verfügen, dürfte sie bereits aufgefallen sein. Für diejenigen unter Ihnen, die diese noch nicht bemerkt haben, möchte ich die folgenden Werte zeigen:

Der Wert von π, der gegenwärtig genutzt wird $\qquad \pi = 3{,}14159265358\ldots$

Der Wert von π, der in diesem ⎤
Buch nachgewiesen wurde ⎦ $\qquad \pi = 3{,}14460551102\ldots$

Verstehen Sie, was geschehen ist?

Der Wert von π, der gegenwärtig auf der Welt verwendet wird, wurde meines Wissens, im Jahre 2016 bis ungefähr auf 20 Billionen Stellen berechnet. Vermutlich wurde er mit einem „Super-Computer" berechnet. Mein eigener „Super-Computer", den ich für 680 Yen (ohne MwSt.) im Baumarkt erwarb, kann nur bis 12 Stellen anzeigen. Gleichgültig, wie viele Stellen angezeigt werden können, dürfte es nur einen einzigen korrekten Wert für π geben.

Wie gehen Sie, liebe Leserinnen und Leser, mit der Differenz dieser beiden Werte um?

Diese Frage wurde auch an mich gerichtet. Meine Antwort darauf war, dieses Buch zu schreiben.

Lassen mich abschließend noch einmal erwähnen, dass ich weder Mathematiker, Wissenschaftler, noch Ingenieur eines Unternehmens bin. Ich bin ein einfacher Handwerker. Die Überprüfung der Wahrheit von $\pi = \frac{4}{\sqrt{\varphi}}$ möchte ich gerne einem Mathematiker oder Personen mit umfassenden mathematischen Kenntnissen überlassen, aber auch für Laien - mich selbst eingeschlossen - mit geringen mathematischen Kenntnissen gibt es eine Methode, um die Wahrheit zu überprüfen. Diese Methode lautet …

„vermessen"!

Bei dieser Methode spielt es keine Rolle, ob einer Profi-Mathematiker oder Laie ist. Es geht lediglich darum, eine genaue Vermessung durchzuführen. Ich glaube nicht, dass irgendjemand im Stande sein wird, Einspruch gegen das Ergebnis der Vermessung einzulegen. Falls Sie Mittel- bzw. Oberschüler sind: Möchten Sie nicht versuchen, einmal einen Kreis mit einem Durchmesser von 10 m (und zwar mit großer Genauigkeit) in der Turnhalle zu zeichnen und dessen Kreisumfang zu vermessen? Oder was halten Sie davon, auf einem großen Sportplatz einen Kreis mit einem Durchmesser von 50 m oder 100 m zu zeichnen und dessen Kreisumfang zu vermessen?

Bei einem Kreis mit einem Durchmesser von 10 m…

…beträgt der tatsächlich gemessene Wert 31 m und 41,5 cm.
→ Dieser entspricht dem Wert von π, der gegenwärtig genutzt wird.
…beträgt der tatsächlich gemessene Wert 31 m und 44,6 cm.
→ Dieser entspricht dem π-Wert von $\frac{4}{\sqrt{\varphi}}$.

Wenn Sie wie oben beschrieben vermessen, dürften Sie die Antwort erhalten.

Ich denke, wenn ein Durchschnittsmensch in seinem alltäglichen Leben einen Kreis von 10 m mit einer Abweichung von 3,1 cm zeichnet, dürfte dies keinerlei Folgen haben. Aber denken Sie an jenen Augenblick, in dem Sie Ihre Augen aufs Universum richten.

Wenn es sich dabei um Flugdistanz eines Satelliten, der die Erde (Angenommen, dass der Durchmesser der Erde 12.700 km beträgt.) in einer Höhe von 300 km über die Erdoberfläche umkreist, handelt, vergrößert sich diese Abweichung je Umrundung um ungefähr 39 km (Die Abweichung beträgt ganze 39 km!). Zum Zeitpunkt, zu dem die Menschheit irgendwann einmal ein riesiges Raumschiff baut, mit dem sie aus dem Sonnensystem herausfliegt, soll der Durchmesser unserer Galaxis laut Schätzungen 100.000 Lichtjahre betragen. Wenn wir also die Galaxie mit einem Raumschiff einmal umrunden, erhalten wir eine Abweichung von rund 310 Lichtjahren. Bei der Geschwindigkeit des Lichts (Das Licht umkreist die Erde 7,5 Mal in nur 1 Sekunde.) ergibt sich somit eine Differenz von 310 Jahren. Das ist ein Ausmaß, bei dem wir nicht mehr von einer „Abweichung" sprechen können.

An alle Personen, die skeptisch gegenüber diesem Buch sind, oder im Gegensatz Interesse bekommen haben, oder Mittel- oder Oberschüler voller Neugierde sind: Möchten Sie es nicht anhand einer „Vermessung" überprüfen? Falls der tatsächlich gemessene Wert des Kreisumfangs von einem Kreis mit Durchmesser von 10 m, 31m und 41,5 cm beträgt, dann können Sie den Inhalt dieses Buches leicht widerlegen.

Wie bitte? Ob ich selbst keine Vermessung durchführe?

Seit dem Kindergartenalter ist Im-Kreis-Drehen eine große Schwäche von mir. Bevor ich eine Runde zu Ende gedreht habe, wird mir bestimmt so schwindlig, dass ich umfallen werde. Aus diesem Grund warte ich lieber darauf, dass mir jemand eines Tages den von ihm herausgefundenen wahren Sachverhalt erzählen wird.

27. September 2017
Umeniuguisu

Wie?! $\pi = 4/\sqrt{\varphi} = 3{,}1446...$ Ist das wahr!? [Revidierte Auflage]

                  Autor   Umeniuguisu
                  Japanische Übersetzung   GLOVA Corporation
                  Verlag   BookWay
                     62 Hiranomachi, Himeji, 670-0933, Japan
                     TEL: 079 (222) 5372   FAX: 079 (244) 1482
                     https://bookway.jp
                Druck   Ono Kousoku Insatsu Co., Ltd.
                  © Umeniuguisu 2019, Printed in Japan
                  ISBN978-4-86584-426-9

Falsch gebundene Bücher sowie Bücher mit fehlenden Seiten werden auf unsere Kosten inkl. Versandkosten ersetzt.
Abgesehen von urheberrechtlichen Ausnahmen, ist die unerlaubte Vervielfältigung dieses Buches durch Kopieren, Scannen, Digitalisierung usw. untersagt. Das Scannen oder die Digitalisierung dieses Buches durch die Beauftragung eines Dritten wie Zwischendienstleister usw. wird selbst für den Eigengebrauch und innerhalb der Privatwohnung in keiner Weise erlaubt.